DATE	UTC		FREQ (MHz)	MODE	QTH						
	ON	OFF									

Notes:

Notes:

Notes:

Notes:

Notes:

Notes:

Notes:

Notes:

Notes:

| DATE | UTC | | FREQ (MHz) | MODE | QTH | CALLSIGN | REPORT | | QSL | |
	ON	OFF					SENT	REC'D	SENT	REC'D
Notes:										
Notes:										
Notes:										
Notes:										
Notes:										
Notes:										
Notes:										
Notes:										
Notes:										

| DATE | UTC | | FREQ (MHz) | MODE | QTH | CALLSIGN | REPORT | | QSL | |
	ON	OFF					SENT	REC'D	SENT	REC'D
Notes:										
Notes:										
Notes:										
Notes:										
Notes:										
Notes:										
Notes:										
Notes:										
Notes:										

| DATE | UTC | | FREQ (MHz) | MODE | QTH | CALLSIGN | REPORT | | QSL | |
	ON	OFF					SENT	REC'D	SENT	REC'D

Notes:

| | | | | | | | | | | |

Notes:

| | | | | | | | | | | |

Notes:

| | | | | | | | | | | |

Notes:

| | | | | | | | | | | |

Notes:

| | | | | | | | | | | |

Notes:

| | | | | | | | | | | |

Notes:

| | | | | | | | | | | |

Notes:

| | | | | | | | | | | |

Notes:

DATE	UTC		FREQ (MHz)	MODE	QTH	CALLSIGN	REPORT		QSL	
	ON	OFF					SENT	REC'D	SENT	REC'D

Notes:

Notes:

Notes:

Notes:

Notes:

Notes:

Notes:

Notes:

Notes:

DATE	UTC		FREQ (MHz)	MODE	QTH	CALLSIGN	REPORT		QSL	
	ON	OFF					SENT	REC'D	SENT	REC'D
Notes:										
Notes:										
Notes:										
Notes:										
Notes:										
Notes:										
Notes:										
Notes:										
Notes:										

DATE	UTC		FREQ (MHz)	MODE	QTH	CALLSIGN	REPORT		QSL	
	ON	OFF					SENT	REC'D	SENT	REC'D
Notes:										
Notes:										
Notes:										
Notes:										
Notes:										
Notes:										
Notes:										
Notes:										
Notes:										

DATE	UTC		FREQ (MHz)	MODE	QTH	CALLSIGN	REPORT		QSL	
	ON	OFF					SENT	REC'D	SENT	REC'D

Notes:

| | | | | | | | | | | |

Notes:

| | | | | | | | | | | |

Notes:

| | | | | | | | | | | |

Notes:

| | | | | | | | | | | |

Notes:

| | | | | | | | | | | |

Notes:

| | | | | | | | | | | |

Notes:

| | | | | | | | | | | |

Notes:

| | | | | | | | | | | |

Notes:

DATE	UTC		FREQ (MHz)	MODE	QTH	CALLSIGN	REPORT		QSL	
	ON	OFF					SENT	REC'D	SENT	REC'D

Notes:

Notes:

Notes:

Notes:

Notes:

Notes:

Notes:

Notes:

Notes:

| DATE | UTC | | FREQ (MHz) | MODE | QTH | CALLSIGN | REPORT | | QSL | |
	ON	OFF					SENT	REC'D	SENT	REC'D
Notes:										
Notes:										
Notes:										
Notes:										
Notes:										
Notes:										
Notes:										
Notes:										
Notes:										

DATE	UTC		FREQ (MHz)	MODE	QTH	CALLSIGN	REPORT		QSL	
	ON	OFF					SENT	REC'D	SENT	REC'D
Notes:										
Notes:										
Notes:										
Notes:										
Notes:										
Notes:										
Notes:										
Notes:										
Notes:										

DATE	UTC		FREQ (MHz)	MODE	QTH	CALLSIGN	REPORT		QSL	
	ON	OFF					SENT	REC'D	SENT	REC'D
Notes:										
Notes:										
Notes:										
Notes:										
Notes:										
Notes:										
Notes:										
Notes:										
Notes:										

DATE	UTC ON	UTC OFF	FREQ (MHz)	MODE	QTH	CALLSIGN	REPORT SENT	REPORT REC'D	QSL SENT	QSL REC'D
Notes:										
Notes:										
Notes:										
Notes:										
Notes:										
Notes:										
Notes:										
Notes:										
Notes:										

DATE	UTC		FREQ (MHz)	MODE	QTH	CALLSIGN	REPORT		QSL	
	ON	OFF					SENT	REC'D	SENT	REC'D
Notes:										
Notes:										
Notes:										
Notes:										
Notes:										
Notes:										
Notes:										
Notes:										
Notes:										

| DATE | UTC | | FREQ (MHz) | MODE | QTH | CALLSIGN | REPORT | | QSL | |
	ON	OFF					SENT	REC'D	SENT	REC'D
Notes:										
Notes:										
Notes:										
Notes:										
Notes:										
Notes:										
Notes:										
Notes:										
Notes:										

DATE	UTC		FREQ (MHz)	MODE	QTH	CALLSIGN	REPORT		QSL	
	ON	OFF					SENT	REC'D	SENT	REC'D
Notes:										
Notes:										
Notes:										
Notes:										
Notes:										
Notes:										
Notes:										
Notes:										
Notes:										

| DATE | UTC | | FREQ (MHz) | MODE | QTH | CALLSIGN | REPORT | | QSL | |
	ON	OFF					SENT	REC'D	SENT	REC'D
Notes:										
Notes:										
Notes:										
Notes:										
Notes:										
Notes:										
Notes:										
Notes:										
Notes:										

DATE	UTC		FREQ (MHz)	MODE	QTH	CALLSIGN	REPORT		QSL	
	ON	OFF					SENT	REC'D	SENT	REC'D
Notes:										
Notes:										
Notes:										
Notes:										
Notes:										
Notes:										
Notes:										
Notes:										
Notes:										

DATE	UTC		FREQ (MHz)	MODE	QTH	CALLSIGN	REPORT		QSL	
	ON	OFF					SENT	REC'D	SENT	REC'D

Notes:

| | | | | | | | | | | |

Notes:

| | | | | | | | | | | |

Notes:

| | | | | | | | | | | |

Notes:

| | | | | | | | | | | |

Notes:

| | | | | | | | | | | |

Notes:

| | | | | | | | | | | |

Notes:

| | | | | | | | | | | |

Notes:

| | | | | | | | | | | |

Notes:

DATE	UTC		FREQ (MHz)	MODE	QTH	CALLSIGN	REPORT		QSL	
	ON	OFF					SENT	REC'D	SENT	REC'D
Notes:										
Notes:										
Notes:										
Notes:										
Notes:										
Notes:										
Notes:										
Notes:										
Notes:										

| DATE | UTC | | FREQ (MHz) | MODE | QTH | CALLSIGN | REPORT | | QSL | |
	ON	OFF					SENT	REC'D	SENT	REC'D
Notes:										
Notes:										
Notes:										
Notes:										
Notes:										
Notes:										
Notes:										
Notes:										
Notes:										

DATE	UTC		FREQ (MHz)	MODE	QTH	CALLSIGN	REPORT		QSL	
	ON	OFF					SENT	REC'D	SENT	REC'D
Notes:										
Notes:										
Notes:										
Notes:										
Notes:										
Notes:										
Notes:										
Notes:										
Notes:										

DATE	UTC		FREQ (MHz)	MODE	QTH	CALLSIGN	REPORT		QSL	
	ON	OFF					SENT	REC'D	SENT	REC'D

Notes:

| | | | | | | | | | | |

Notes:

| | | | | | | | | | | |

Notes:

| | | | | | | | | | | |

Notes:

| | | | | | | | | | | |

Notes:

| | | | | | | | | | | |

Notes:

| | | | | | | | | | | |

Notes:

| | | | | | | | | | | |

Notes:

| | | | | | | | | | | |

Notes:

DATE	UTC		FREQ (MHz)	MODE	QTH	CALLSIGN	REPORT		QSL	
	ON	OFF					SENT	REC'D	SENT	REC'D
Notes:										
Notes:										
Notes:										
Notes:										
Notes:										
Notes:										
Notes:										
Notes:										
Notes:										

| DATE | UTC | | FREQ (MHz) | MODE | QTH | CALLSIGN | REPORT | | QSL | |
	ON	OFF					SENT	REC'D	SENT	REC'D
Notes:										
Notes:										
Notes:										
Notes:										
Notes:										
Notes:										
Notes:										
Notes:										
Notes:										

| DATE | UTC | | FREQ (MHz) | MODE | QTH | CALLSIGN | REPORT | | QSL | |
	ON	OFF					SENT	REC'D	SENT	REC'D
Notes:										
Notes:										
Notes:										
Notes:										
Notes:										
Notes:										
Notes:										
Notes:										
Notes:										

| DATE | UTC | | FREQ (MHz) | MODE | QTH | CALLSIGN | REPORT | | QSL | |
	ON	OFF					SENT	REC'D	SENT	REC'D
Notes:										
Notes:										
Notes:										
Notes:										
Notes:										
Notes:										
Notes:										
Notes:										
Notes:										

DATE	UTC		FREQ (MHz)	MODE	QTH	CALLSIGN	REPORT		QSL	
	ON	OFF					SENT	REC'D	SENT	REC'D
Notes:										
Notes:										
Notes:										
Notes:										
Notes:										
Notes:										
Notes:										
Notes:										
Notes:										

DATE	UTC ON	UTC OFF	FREQ (MHz)	MODE	QTH	CALLSIGN	REPORT SENT	REPORT REC'D	QSL SENT	QSL REC'D

Notes:

Notes:

Notes:

Notes:

Notes:

Notes:

Notes:

Notes:

Notes:

DATE	UTC		FREQ (MHz)	MODE	QTH	CALLSIGN	REPORT		QSL	
	ON	OFF					SENT	REC'D	SENT	REC'D
Notes:										
Notes:										
Notes:										
Notes:										
Notes:										
Notes:										
Notes:										
Notes:										
Notes:										

| DATE | UTC | | FREQ (MHz) | MODE | QTH | CALLSIGN | REPORT | | QSL | |
	ON	OFF					SENT	REC'D	SENT	REC'D
Notes:										
Notes:										
Notes:										
Notes:										
Notes:										
Notes:										
Notes:										
Notes:										
Notes:										

DATE	UTC		FREQ (MHz)	MODE	QTH	CALLSIGN	REPORT		QSL	
	ON	OFF					SENT	REC'D	SENT	REC'D
Notes:										
Notes:										
Notes:										
Notes:										
Notes:										
Notes:										
Notes:										
Notes:										
Notes:										

DATE	UTC		FREQ (MHz)	MODE	QTH	CALLSIGN	REPORT		QSL	
	ON	OFF					SENT	REC'D	SENT	REC'D
Notes:										
Notes:										
Notes:										
Notes:										
Notes:										
Notes:										
Notes:										
Notes:										
Notes:										

DATE	UTC		FREQ (MHz)	MODE	QTH	CALLSIGN	REPORT		QSL	
	ON	OFF					SENT	REC'D	SENT	REC'D
Notes:										
Notes:										
Notes:										
Notes:										
Notes:										
Notes:										
Notes:										
Notes:										
Notes:										

| DATE | UTC | | FREQ (MHz) | MODE | QTH | CALLSIGN | REPORT | | QSL | |
	ON	OFF					SENT	REC'D	SENT	REC'D

Notes:

| | | | | | | | | | | |

Notes:

| | | | | | | | | | | |

Notes:

| | | | | | | | | | | |

Notes:

| | | | | | | | | | | |

Notes:

| | | | | | | | | | | |

Notes:

| | | | | | | | | | | |

Notes:

| | | | | | | | | | | |

Notes:

| | | | | | | | | | | |

Notes:

DATE	UTC		FREQ (MHz)	MODE	QTH	CALLSIGN	REPORT		QSL	
	ON	OFF					SENT	REC'D	SENT	REC'D
Notes:										
Notes:										
Notes:										
Notes:										
Notes:										
Notes:										
Notes:										
Notes:										
Notes:										

DATE	UTC		FREQ (MHz)	MODE	QTH	CALLSIGN	REPORT		QSL	
	ON	OFF					SENT	REC'D	SENT	REC'D
Notes:										
Notes:										
Notes:										
Notes:										
Notes:										
Notes:										
Notes:										
Notes:										
Notes:										

DATE	UTC		FREQ (MHz)	MODE	QTH	CALLSIGN	REPORT		QSL	
	ON	OFF					SENT	REC'D	SENT	REC'D
Notes:										
Notes:										
Notes:										
Notes:										
Notes:										
Notes:										
Notes:										
Notes:										
Notes:										

DATE	UTC		FREQ (MHz)	MODE	QTH	CALLSIGN	REPORT		QSL	
	ON	OFF					SENT	REC'D	SENT	REC'D
Notes:										
Notes:										
Notes:										
Notes:										
Notes:										
Notes:										
Notes:										
Notes:										
Notes:										

DATE	UTC		FREQ (MHz)	MODE	QTH	CALLSIGN	REPORT		QSL	
	ON	OFF					SENT	REC'D	SENT	REC'D
Notes:										
Notes:										
Notes:										
Notes:										
Notes:										
Notes:										
Notes:										
Notes:										
Notes:										

DATE	UTC		FREQ (MHz)	MODE	QTH	CALLSIGN	REPORT		QSL	
	ON	OFF					SENT	REC'D	SENT	REC'D
Notes:										
Notes:										
Notes:										
Notes:										
Notes:										
Notes:										
Notes:										
Notes:										
Notes:										

DATE	UTC		FREQ (MHz)	MODE	QTH	CALLSIGN	REPORT		QSL	
	ON	OFF					SENT	REC'D	SENT	REC'D
Notes:										
Notes:										
Notes:										
Notes:										
Notes:										
Notes:										
Notes:										
Notes:										
Notes:										

DATE	UTC		FREQ (MHz)	MODE	QTH	CALLSIGN	REPORT		QSL	
	ON	OFF					SENT	REC'D	SENT	REC'D
Notes:										
Notes:										
Notes:										
Notes:										
Notes:										
Notes:										
Notes:										
Notes:										
Notes:										

DATE	UTC		FREQ (MHz)	MODE	QTH	CALLSIGN	REPORT		QSL	
	ON	OFF					SENT	REC'D	SENT	REC'D
Notes:										
Notes:										
Notes:										
Notes:										
Notes:										
Notes:										
Notes:										
Notes:										
Notes:										

DATE	UTC		FREQ (MHz)	MODE	QTH	CALLSIGN	REPORT		QSL	
	ON	OFF					SENT	REC'D	SENT	REC'D
Notes:										
Notes:										
Notes:										
Notes:										
Notes:										
Notes:										
Notes:										
Notes:										
Notes:										

DATE	UTC		FREQ (MHz)	MODE	QTH	CALLSIGN	REPORT		QSL	
	ON	OFF					SENT	REC'D	SENT	REC'D
Notes:										
Notes:										
Notes:										
Notes:										
Notes:										
Notes:										
Notes:										
Notes:										
Notes:										

DATE	UTC		FREQ (MHz)	MODE	QTH	CALLSIGN	REPORT		QSL	
	ON	OFF					SENT	REC'D	SENT	REC'D
Notes:										
Notes:										
Notes:										
Notes:										
Notes:										
Notes:										
Notes:										
Notes:										
Notes:										

| DATE | UTC | | FREQ (MHz) | MODE | QTH | CALLSIGN | REPORT | | QSL | |
	ON	OFF					SENT	REC'D	SENT	REC'D
Notes:										
Notes:										
Notes:										
Notes:										
Notes:										
Notes:										
Notes:										
Notes:										
Notes:										

DATE	UTC ON	UTC OFF	FREQ (MHz)	MODE	QTH	CALLSIGN	REPORT SENT	REPORT REC'D	QSL SENT	QSL REC'D
Notes:										
Notes:										
Notes:										
Notes:										
Notes:										
Notes:										
Notes:										
Notes:										
Notes:										

DATE	UTC		FREQ (MHz)	MODE	QTH	CALLSIGN	REPORT		QSL	
	ON	OFF					SENT	REC'D	SENT	REC'D

Notes:

Notes:

Notes:

Notes:

Notes:

Notes:

Notes:

Notes:

Notes:

DATE	UTC		FREQ (MHz)	MODE	QTH	CALLSIGN	REPORT		QSL	
	ON	OFF					SENT	REC'D	SENT	REC'D
Notes:										
Notes:										
Notes:										
Notes:										
Notes:										
Notes:										
Notes:										
Notes:										
Notes:										

DATE	UTC		FREQ (MHz)	MODE	QTH	CALLSIGN	REPORT		QSL	
	ON	OFF					SENT	REC'D	SENT	REC'D
Notes:										
Notes:										
Notes:										
Notes:										
Notes:										
Notes:										
Notes:										
Notes:										
Notes:										

DATE	UTC		FREQ (MHz)	MODE	QTH	CALLSIGN	REPORT		QSL	
	ON	OFF					SENT	REC'D	SENT	REC'D
Notes:										
Notes:										
Notes:										
Notes:										
Notes:										
Notes:										
Notes:										
Notes:										
Notes:										

DATE	UTC		FREQ (MHz)	MODE	QTH	CALLSIGN	REPORT		QSL	
	ON	OFF					SENT	REC'D	SENT	REC'D
Notes:										
Notes:										
Notes:										
Notes:										
Notes:										
Notes:										
Notes:										
Notes:										
Notes:										

DATE	UTC		FREQ (MHz)	MODE	QTH	CALLSIGN	REPORT		QSL	
	ON	OFF					SENT	REC'D	SENT	REC'D
Notes:										
Notes:										
Notes:										
Notes:										
Notes:										
Notes:										
Notes:										
Notes:										
Notes:										

DATE	UTC		FREQ (MHz)	MODE	QTH	CALLSIGN	REPORT		QSL	
	ON	OFF					SENT	REC'D	SENT	REC'D
Notes:										
Notes:										
Notes:										
Notes:										
Notes:										
Notes:										
Notes:										
Notes:										
Notes:										

DATE	UTC		FREQ (MHz)	MODE	QTH	CALLSIGN	REPORT		QSL	
	ON	OFF					SENT	REC'D	SENT	REC'D
Notes:										
Notes:										
Notes:										
Notes:										
Notes:										
Notes:										
Notes:										
Notes:										
Notes:										

DATE	UTC		FREQ (MHz)	MODE	QTH	CALLSIGN	REPORT		QSL	
	ON	OFF					SENT	REC'D	SENT	REC'D
Notes:										
Notes:										
Notes:										
Notes:										
Notes:										
Notes:										
Notes:										
Notes:										
Notes:										

| DATE | UTC | | FREQ (MHz) | MODE | QTH | CALLSIGN | REPORT | | QSL | |
	ON	OFF					SENT	REC'D	SENT	REC'D
Notes:										
Notes:										
Notes:										
Notes:										
Notes:										
Notes:										
Notes:										
Notes:										
Notes:										

DATE	UTC ON	UTC OFF	FREQ (MHz)	MODE	QTH	CALLSIGN	REPORT SENT	REPORT REC'D	QSL SENT	QSL REC'D
Notes:										
Notes:										
Notes:										
Notes:										
Notes:										
Notes:										
Notes:										
Notes:										
Notes:										

| DATE | UTC | | FREQ (MHz) | MODE | QTH | CALLSIGN | REPORT | | QSL | |
	ON	OFF					SENT	REC'D	SENT	REC'D
Notes:										
Notes:										
Notes:										
Notes:										
Notes:										
Notes:										
Notes:										
Notes:										
Notes:										

DATE	UTC		FREQ (MHz)	MODE	QTH	CALLSIGN	REPORT		QSL	
	ON	OFF					SENT	REC'D	SENT	REC'D
Notes:										
Notes:										
Notes:										
Notes:										
Notes:										
Notes:										
Notes:										
Notes:										
Notes:										

DATE	UTC		FREQ (MHz)	MODE	QTH	CALLSIGN	REPORT		QSL	
	ON	OFF					SENT	REC'D	SENT	REC'D
Notes:										
Notes:										
Notes:										
Notes:										
Notes:										
Notes:										
Notes:										
Notes:										
Notes:										

DATE	UTC		FREQ (MHz)	MODE	QTH	CALLSIGN	REPORT		QSL	
	ON	OFF					SENT	REC'D	SENT	REC'D
Notes:										
Notes:										
Notes:										
Notes:										
Notes:										
Notes:										
Notes:										
Notes:										
Notes:										

DATE	UTC		FREQ (MHz)	MODE	QTH	CALLSIGN	REPORT		QSL	
	ON	OFF					SENT	REC'D	SENT	REC'D
Notes:										
Notes:										
Notes:										
Notes:										
Notes:										
Notes:										
Notes:										
Notes:										
Notes:										

DATE	UTC ON	UTC OFF	FREQ (MHz)	MODE	QTH	CALLSIGN	REPORT SENT	REPORT REC'D	QSL SENT	QSL REC'D
Notes:										
Notes:										
Notes:										
Notes:										
Notes:										
Notes:										
Notes:										
Notes:										
Notes:										

DATE	UTC		FREQ (MHz)	MODE	QTH	CALLSIGN	REPORT		QSL	
	ON	OFF					SENT	REC'D	SENT	REC'D
Notes:										
Notes:										
Notes:										
Notes:										
Notes:										
Notes:										
Notes:										
Notes:										
Notes:										

DATE	UTC		FREQ (MHz)	MODE	QTH	CALLSIGN	REPORT		QSL	
	ON	OFF					SENT	REC'D	SENT	REC'D
Notes:										
Notes:										
Notes:										
Notes:										
Notes:										
Notes:										
Notes:										
Notes:										
Notes:										

DATE	UTC		FREQ (MHz)	MODE	QTH	CALLSIGN	REPORT		QSL	
	ON	OFF					SENT	REC'D	SENT	REC'D
Notes:										
Notes:										
Notes:										
Notes:										
Notes:										
Notes:										
Notes:										
Notes:										
Notes:										

DATE	UTC		FREQ (MHz)	MODE	QTH	CALLSIGN	REPORT		QSL	
	ON	OFF					SENT	REC'D	SENT	REC'D
Notes:										
Notes:										
Notes:										
Notes:										
Notes:										
Notes:										
Notes:										
Notes:										
Notes:										

DATE	UTC		FREQ (MHz)	MODE	QTH	CALLSIGN	REPORT		QSL	
	ON	OFF					SENT	REC'D	SENT	REC'D
Notes:										
Notes:										
Notes:										
Notes:										
Notes:										
Notes:										
Notes:										
Notes:										
Notes:										

DATE	UTC		FREQ (MHz)	MODE	QTH	CALLSIGN	REPORT		QSL	
	ON	OFF					SENT	REC'D	SENT	REC'D
Notes:										
Notes:										
Notes:										
Notes:										
Notes:										
Notes:										
Notes:										
Notes:										
Notes:										

DATE	UTC		FREQ (MHz)	MODE	QTH	CALLSIGN	REPORT		QSL	
	ON	OFF					SENT	REC'D	SENT	REC'D
Notes:										
Notes:										
Notes:										
Notes:										
Notes:										
Notes:										
Notes:										
Notes:										
Notes:										

DATE	UTC ON	UTC OFF	FREQ (MHz)	MODE	QTH	CALLSIGN	REPORT SENT	REPORT REC'D	QSL SENT	QSL REC'D
Notes:										
Notes:										
Notes:										
Notes:										
Notes:										
Notes:										
Notes:										
Notes:										
Notes:										

DATE	UTC		FREQ (MHz)	MODE	QTH	CALLSIGN	REPORT		QSL	
	ON	OFF					SENT	REC'D	SENT	REC'D
Notes:										
Notes:										
Notes:										
Notes:										
Notes:										
Notes:										
Notes:										
Notes:										
Notes:										

DATE	UTC ON	UTC OFF	FREQ (MHz)	MODE	QTH	CALLSIGN	REPORT SENT	REPORT REC'D	QSL SENT	QSL REC'D
Notes:										
Notes:										
Notes:										
Notes:										
Notes:										
Notes:										
Notes:										
Notes:										
Notes:										

DATE	UTC		FREQ (MHz)	MODE	QTH	CALLSIGN	REPORT		QSL	
	ON	OFF					SENT	REC'D	SENT	REC'D
Notes:										
Notes:										
Notes:										
Notes:										
Notes:										
Notes:										
Notes:										
Notes:										
Notes:										

DATE	UTC		FREQ (MHz)	MODE	QTH	CALLSIGN	REPORT		QSL	
	ON	OFF					SENT	REC'D	SENT	REC'D
Notes:										
Notes:										
Notes:										
Notes:										
Notes:										
Notes:										
Notes:										
Notes:										
Notes:										

DATE	UTC		FREQ (MHz)	MODE	QTH	CALLSIGN	REPORT		QSL	
	ON	OFF					SENT	REC'D	SENT	REC'D
Notes:										
Notes:										
Notes:										
Notes:										
Notes:										
Notes:										
Notes:										
Notes:										
Notes:										

DATE	UTC		FREQ (MHz)	MODE	QTH	CALLSIGN	REPORT		QSL	
	ON	OFF					SENT	REC'D	SENT	REC'D
Notes:										
Notes:										
Notes:										
Notes:										
Notes:										
Notes:										
Notes:										
Notes:										
Notes:										

DATE	UTC		FREQ (MHz)	MODE	QTH	CALLSIGN	REPORT		QSL	
	ON	OFF					SENT	REC'D	SENT	REC'D
Notes:										
Notes:										
Notes:										
Notes:										
Notes:										
Notes:										
Notes:										
Notes:										
Notes:										

DATE	UTC		FREQ (MHz)	MODE	QTH	CALLSIGN	REPORT		QSL	
	ON	OFF					SENT	REC'D	SENT	REC'D
Notes:										
Notes:										
Notes:										
Notes:										
Notes:										
Notes:										
Notes:										
Notes:										
Notes:										

DATE	UTC		FREQ (MHz)	MODE	QTH	CALLSIGN	REPORT		QSL	
	ON	OFF					SENT	REC'D	SENT	REC'D
Notes:										
Notes:										
Notes:										
Notes:										
Notes:										
Notes:										
Notes:										
Notes:										
Notes:										

DATE	UTC		FREQ (MHz)	MODE	QTH	CALLSIGN	REPORT		QSL	
	ON	OFF					SENT	REC'D	SENT	REC'D
Notes:										
Notes:										
Notes:										
Notes:										
Notes:										
Notes:										
Notes:										
Notes:										
Notes:										

| DATE | UTC | | FREQ (MHz) | MODE | QTH | CALLSIGN | REPORT | | QSL | |
	ON	OFF					SENT	REC'D	SENT	REC'D
Notes:										
Notes:										
Notes:										
Notes:										
Notes:										
Notes:										
Notes:										
Notes:										

DATE	UTC		FREQ (MHz)	MODE	QTH	CALLSIGN	REPORT		QSL	
	ON	OFF					SENT	REC'D	SENT	REC'D
Notes:										
Notes:										
Notes:										
Notes:										
Notes:										
Notes:										
Notes:										
Notes:										
Notes:										

DATE	UTC		FREQ (MHz)	MODE	QTH	CALLSIGN	REPORT		QSL	
	ON	OFF					SENT	REC'D	SENT	REC'D
Notes:										
Notes:										
Notes:										
Notes:										
Notes:										
Notes:										
Notes:										
Notes:										
Notes:										

DATE	UTC		FREQ (MHz)	MODE	QTH	CALLSIGN	REPORT		QSL	
	ON	OFF					SENT	REC'D	SENT	REC'D
Notes:										
Notes:										
Notes:										
Notes:										
Notes:										
Notes:										
Notes:										
Notes:										
Notes:										

DATE	UTC		FREQ (MHz)	MODE	QTH	CALLSIGN	REPORT		QSL	
	ON	OFF					SENT	REC'D	SENT	REC'D
Notes:										
Notes:										
Notes:										
Notes:										
Notes:										
Notes:										
Notes:										
Notes:										
Notes:										

DATE	UTC		FREQ (MHz)	MODE	QTH	CALLSIGN	REPORT		QSL	
	ON	OFF					SENT	REC'D	SENT	REC'D
Notes:										
Notes:										
Notes:										
Notes:										
Notes:										
Notes:										
Notes:										
Notes:										
Notes:										

DATE	UTC		FREQ (MHz)	MODE	QTH	CALLSIGN	REPORT		QSL	
	ON	OFF					SENT	REC'D	SENT	REC'D
Notes:										
Notes:										
Notes:										
Notes:										
Notes:										
Notes:										
Notes:										
Notes:										
Notes:										

DATE	UTC		FREQ (MHz)	MODE	QTH	CALLSIGN	REPORT		QSL	
	ON	OFF					SENT	REC'D	SENT	REC'D
Notes:										
Notes:										
Notes:										
Notes:										
Notes:										
Notes:										
Notes:										
Notes:										
Notes:										

DATE	UTC		FREQ (MHz)	MODE	QTH	CALLSIGN	REPORT		QSL	
	ON	OFF					SENT	REC'D	SENT	REC'D
Notes:										
Notes:										
Notes:										
Notes:										
Notes:										
Notes:										
Notes:										
Notes:										
Notes:										

| DATE | UTC | | FREQ (MHz) | MODE | QTH | CALLSIGN | REPORT | | QSL | |
	ON	OFF					SENT	REC'D	SENT	REC'D
Notes:										
Notes:										
Notes:										
Notes:										
Notes:										
Notes:										
Notes:										
Notes:										
Notes:										

DATE	UTC		FREQ (MHz)	MODE	QTH	CALLSIGN	REPORT		QSL	
	ON	OFF					SENT	REC'D	SENT	REC'D
Notes:										
Notes:										
Notes:										
Notes:										
Notes:										
Notes:										
Notes:										
Notes:										
Notes:										

DATE	UTC		FREQ (MHz)	MODE	QTH	CALLSIGN	REPORT		QSL	
	ON	OFF					SENT	REC'D	SENT	REC'D
Notes:										
Notes:										
Notes:										
Notes:										
Notes:										
Notes:										
Notes:										
Notes:										
Notes:										

DATE	UTC		FREQ (MHz)	MODE	QTH	CALLSIGN	REPORT		QSL	
	ON	OFF					SENT	REC'D	SENT	REC'D
Notes:										
Notes:										
Notes:										
Notes:										
Notes:										
Notes:										
Notes:										
Notes:										
Notes:										

DATE	UTC		FREQ (MHz)	MODE	QTH	CALLSIGN	REPORT		QSL	
	ON	OFF					SENT	REC'D	SENT	REC'D
Notes:										
Notes:										
Notes:										
Notes:										
Notes:										
Notes:										
Notes:										
Notes:										
Notes:										

DATE	UTC		FREQ (MHz)	MODE	QTH	CALLSIGN	REPORT		QSL	
	ON	OFF					SENT	REC'D	SENT	REC'D
Notes:										
Notes:										
Notes:										
Notes:										
Notes:										
Notes:										
Notes:										
Notes:										
Notes:										

DATE	UTC ON	UTC OFF	FREQ (MHz)	MODE	QTH	CALLSIGN	REPORT SENT	REPORT REC'D	QSL SENT	QSL REC'D
Notes:										
Notes:										
Notes:										
Notes:										
Notes:										
Notes:										
Notes:										
Notes:										
Notes:										

DATE	UTC		FREQ (MHz)	MODE	QTH	CALLSIGN	REPORT		QSL	
	ON	OFF					SENT	REC'D	SENT	REC'D
Notes:										
Notes:										
Notes:										
Notes:										
Notes:										
Notes:										
Notes:										
Notes:										
Notes:										

DATE	UTC		FREQ (MHz)	MODE	QTH	CALLSIGN	REPORT		QSL	
	ON	OFF					SENT	REC'D	SENT	REC'D
Notes:										
Notes:										
Notes:										
Notes:										
Notes:										
Notes:										
Notes:										
Notes:										
Notes:										

DATE	UTC		FREQ (MHz)	MODE	QTH	CALLSIGN	REPORT		QSL	
	ON	OFF					SENT	REC'D	SENT	REC'D

Notes:

Notes:

Notes:

Notes:

Notes:

Notes:

Notes:

Notes:

Notes:

DATE	UTC		FREQ (MHz)	MODE	QTH	CALLSIGN	REPORT		QSL	
	ON	OFF					SENT	REC'D	SENT	REC'D
Notes:										
Notes:										
Notes:										
Notes:										
Notes:										
Notes:										
Notes:										
Notes:										
Notes:										

| DATE | UTC | | FREQ (MHz) | MODE | QTH | CALLSIGN | REPORT | | QSL | |
	ON	OFF					SENT	REC'D	SENT	REC'D
Notes:										
Notes:										
Notes:										
Notes:										
Notes:										
Notes:										
Notes:										
Notes:										
Notes:										

DATE	UTC		FREQ (MHz)	MODE	QTH	CALLSIGN	REPORT		QSL	
	ON	OFF					SENT	REC'D	SENT	REC'D
Notes:										
Notes:										
Notes:										
Notes:										
Notes:										
Notes:										
Notes:										
Notes:										
Notes:										

| DATE | UTC | | FREQ (MHz) | MODE | QTH | CALLSIGN | REPORT | | QSL | |
	ON	OFF					SENT	REC'D	SENT	REC'D
Notes:										
Notes:										
Notes:										
Notes:										
Notes:										
Notes:										
Notes:										
Notes:										
Notes:										

DATE	UTC		FREQ (MHz)	MODE	QTH	CALLSIGN	REPORT		QSL	
	ON	OFF					SENT	REC'D	SENT	REC'D
Notes:										
Notes:										
Notes:										
Notes:										
Notes:										
Notes:										
Notes:										
Notes:										
Notes:										

DATE	UTC		FREQ (MHz)	MODE	QTH	CALLSIGN	REPORT		QSL	
	ON	OFF					SENT	REC'D	SENT	REC'D
Notes:										
Notes:										
Notes:										
Notes:										
Notes:										
Notes:										
Notes:										
Notes:										
Notes:										

DATE	UTC		FREQ (MHz)	MODE	QTH	CALLSIGN	REPORT		QSL	
	ON	OFF					SENT	REC'D	SENT	REC'D
Notes:										
Notes:										
Notes:										
Notes:										
Notes:										
Notes:										
Notes:										
Notes:										
Notes:										

Made in the USA
Middletown, DE
06 August 2021